开课了！

博物馆

国宝里的
科学课

安迪斯晨风 瑶华 著

山东电子音像出版社
·济南·

「开课了！博物馆」

序言

孩子渐渐长大，做家长的往往会有一种无力感。

前年春天，上小学的女儿突然吵着要去博物馆。原来，她玩的一款游戏里面有一只猫头鹰开了家博物馆，展品琳琅满目，令她十分向往。

然而，当我真的带她走进中国国家博物馆参观时，发现小小的她有点儿"叶公好龙"。一开始她还挺兴奋的，结果走到"古代中国"展区的"春秋战国时期"，连秦始皇的脸都没见着，她就开始不耐烦了，一会儿说"我好累"，一会儿又想吃冰激凌，无奈，我只好和她一起怏怏而归。

回家之后我便开始反思，女儿明明很喜欢博物馆的氛围，又很有求知欲，那为什么看展的时候，很快就对一件件在我眼里瑰丽万端的国宝失去了兴趣呢？

很快，我就想明白了，对于一个才上小学的孩子来说，那些珍贵的文物太"冷"了，也太"静"了。

当看到"后母戊鼎"时，我会联想到三千年前古人科技制造中的智慧，想到这件文物和商王的故事，和祭祀的关系，还会联想到"三足鼎立""大名鼎鼎""问鼎中原"等很多成语……

换句话说，在稍微有些相关阅历的人眼中，文物是会说话的，它们把历史、文化、科学、艺术等各个领域的知识连起来，荡漾出一圈又一圈文化凝成的"光环"。但是对我女儿来说，她看到的只是一座带着青绿色锈迹的长方体，甚至还有可能觉得"不就是一堆破铜烂铁，古人也没什么了不起"……

随后，一个想法突然闪现——如果能拥有一本从博物馆出发、跨学科深度挖掘文物奥秘的儿童通识读本，孩子们参观博物馆时就不会觉得枯燥乏味了，还能拓宽他们的视野，让他们感受到通过文物进行跨学科学习的快乐。文物，不仅仅是"历史上遗留下来的物品"，它们是活生生的，我们应该还原它们的本来面貌，讲出和它们有关的那些故事和知识，讲出它们对于我们的当下和未来的价值和意义。比如说，东晋时期的文物"鹦鹉螺杯"，它的螺旋线中便藏着现代数学中的"黄金分割"原理；再比如青铜器"云纹铜禁"的制作技术——"失蜡法"，在今天的航空航天制造领域中仍然有所运用；还有东汉说唱俑绝妙的"说唱表演"，从炖肉大锅变成礼器的青铜鼎……至今仍然深刻地影响着我们现代人的生活。

于是，我决定自己编写一套，想试着将自己看到的文物背后的璀璨世界呈现给孩子们。我想，这些知识最好还能和当下的小学课程体系结合起来，这样就能更容易地帮助孩子们把散落在不同时空的知识填到他们的知识框架里。有了知识框架，孩子们以后再往里面填东西，就容易得多了。

我找到擅长写作科学普及文章、同时还是一位母亲的作者瑶华聊我的想法。她听后非常兴奋，跃跃欲试。

　　然而等我们真的上手搜集资料时，才发现这个选题很不好写。因为文物涉及的知识太多了，想要通俗易懂地讲清楚它们的来龙去脉，以及涉及的知识点，需要很大的篇幅，但我们这套书又是针对孩子的，他们真的能毫无滞涩地读完吗？

　　我做了一个小实验，把其中几章讲给女儿听。一开始，她是拒绝的，因为初稿确实写得比较晦涩难读，只顾往里面加知识"佐料"，却忽略了入口的"味道"。后来，我和瑶华老师就在编辑的策划建议和帮助下，对整套书的框架体系和每一篇文章的内容细节进行了删减和修订，在保留知识脉络的同时，把大块的文字改成一个个小块，能用插图直观呈现的知识点，尽量使用插图。等到最后成书的时候，已经不知道修改了多少遍。

　　当然，我们也不会只顾通俗性，而忽略了其中的知识严谨性。我们专门邀请了历史专家于赓哲老师审读，保证历史知识的专业无误；数学、科学等方面的知识更是经过相关专业的老师以及出版社编辑们的多轮审定和修改。

　　这套书从筹备、落笔到后期编辑，历经 3 年终于完成。我希望每一个孩子读完这套书之后，再去参观博物馆时，能够深切地感受到文物所散发的魅力！

安迪斯晨风

目录

地球与宇宙科学

06

云纹铜禁 |60

2500年前，我们就已经掌握了这项航空制造技术

07

素纱单衣 |68

能装进火柴盒的衣服，用现代技术能制造吗

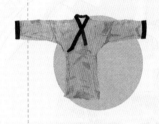

技术与工程

玉刻图长方形板

北京·故宫博物院

1987年，安徽含山凌家滩遗址挖掘出了一件造型奇特的文物组合：一副玉石雕琢成的"龟壳"，中间夹了一块长方形的黄白色玉板，像汉堡包一样。它是干什么的？

凌家滩遗址 在安徽省马鞍山市含山县，是长江中下游巢湖流域发现面积最大、保存最完整的新石器时代聚落遗址。在这里，发掘出了距离现在5800～5300年的石器、玉器。

大约长 11.4 厘米
高 8.3 厘米
最厚 1 厘米

中间的玉板在发掘简报中被登记为玉刻图长方形板，也称为"凌家滩玉版"，比现在人们用的手机还要小。玉版最中间刻着一个小圆，内部直线交叉成"八角星"；小圆外面套着一个大圆，两圆之间有8个圭形图案等分成8部分。大圆圆周也刻有4个类似的圭形纹饰，指向玉版四角，边缘钻有22个小孔。

这似乎就是最简单的数字和方位，实际是这样的吗？玉版究竟是干什么用的？有人说它与星象有关，有人说它和神秘的周易八卦有关，也有人说它与历法有关。让我们一步一步去解开其中的秘密吧！

玉刻图长方形板

凌家滩文化的重要代表物，上面的纹饰很可能反映了先民对天象的原始观测，是上古时期的宇宙观的展现。

5300 多年前，
人们怎么确定方位、辨别时节

　　1998年，凌家滩遗址又出土了一件刻有八角星纹的玉鹰。可见，八角星纹是凌家滩文化中具有标志意义的特殊图案，而非偶然的构思。

凌家滩玉鹰

　　一只展翅飞翔的鹰，翅膀变为兽首，身体上刻着一个圆形，中间是和玉版上相似的八角星纹，它被认为是凌家滩人的太阳神徽，神鸟载着太阳由东飞到西。

　　八角星纹，或许是我们解开凌家滩玉版背后秘密的第一步。

八角星纹象征着什么

其实，除了凌家滩遗址，世界各地都曾出土过绘有八角星纹的文物，如高庙遗址、大汶口遗址、古代阿兹特克遗址等。直到今天，仍有一些少数民族在使用八角星纹。造型虽然有所变化，但基本结构相似。

这说明，八角星纹应该是古代社会中某种常见的、具有普遍性的自然崇拜的象征。

我们仔细看，八角星纹是不是很像光芒四射的太阳？八角星纹外的小圆是不是很像太阳周围发出的光圈？世界上很多地方都会用八角星象征太阳，比如美洲古代阿兹特克人的太阳神就是以八角星为象征。所以，专家认为，凌家滩玉版中心的八角星纹和小圆一起代表着闪光的太阳。

太阳与方位

那其他图案代表什么？

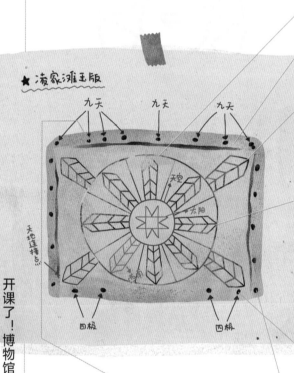

专家认为：

玉版上的大圆代表着天空，太阳（小圆）在天空中运行。

玉版则代表被天空覆盖的大地，天空像一个圆形的帽子覆盖着方形的大地。

玉版四角的 4 个圭形图案，则是天和地连接的四角，代表着东北、西北、西南、东南四个方向。

小圆与大圆中间的 8 个圭形图案，也是方位的代表，代表着东、东北、北、西北、西、西南、南、东南 8 个方向。

除此之外，玉版四边的钻孔也被认为和方位有关。有专家认为，玉版长边的 4 孔，代表着"四极"，也就是大地上四方极远的地方；两个短边上的 5 孔，代表着"东西南北中"五方；另一个长边的 9 孔，则代表着"九天"——天的中央和八方。

太阳和方位有什么关系?

我们现在都很熟悉"东南西北",但是分辨方位对古人来说并不容易。古人是按照不同时节太阳升起落下的位置来确认方位的。昼夜轮转、四季变换,太阳升起落下的规律却永恒不变。古人发现太阳升起落下的位置并不总在同一个方位,他们通过长时间的观测和总结,确定了东、东北、北、西北、西、西南、南、东南8个方向。

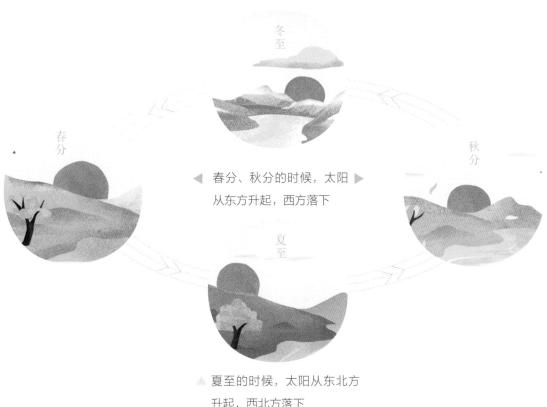

▼ 冬至的时候,太阳从东南方升起,西南方落下

冬至

秋分

◀ 春分、秋分的时候,太阳 ▶ 从东方升起,西方落下

春分

夏至

▲ 夏至的时候,太阳从东北方升起,西北方落下

专家认为，凌家滩玉版的图案，和古人"天圆地方"的宇宙观也是相符合的。

天圆地方

"天圆地方"是古人的宇宙观，"天圆"指的是"天时"如六十甲子一般周而复始，而"地方"的"方"则是源于描述方位的"东南西北"的"四方"观念。

太阳从正东升起，可以播种了！

是测算历法的工具

凌家滩玉版到底做什么用呢？仅仅是指示方向的工具吗？

专家认为凌家滩玉版是用来测算历法的工具。太阳在帮助人们确定方向的同时，也在帮助人们确定时间和季节。古代有一本叫作《淮南子》的书，里面写道，太阳从东北方出来，就是夏；正东方是春和秋，东南方是冬。人们通过对太阳出山的位置的观测，初步认识时节。

那凌家滩玉版的主人是谁？

凌家滩玉龟、玉版出土时，被放在墓主人的胸腹部的位置，专家认为这个墓主人很可能是用玉版测算占卜的巫师。

测算历法和占卜有什么关系？

因为，测算时节一直是占卜的重要内容，在当时是由巫师进行的。

在古代，玉版一直被认为是天神的指示，可以预示吉凶；龟被古人视为通神的灵物，常常被用来占卜。玉版被放在玉龟的背甲和腹甲中间，它们必然与占卜有着千丝万缕的联系。对于依靠农业生活的古人来说，天时与吉凶紧紧关联：在恰当的时候耕种就能丰收，是大吉；相反，就是大凶。

它怎么使用呢？

根据专家的考察，出土玉龟、玉版的墓地被人为地用砂石垫高，位于聚落分布区的最高点，墓地的正北方向上有一座高山，叫作太湖山，东北方向还有一座土山。所以，专家猜测凌家滩玉版的使用大概是这样的：负责测算占卜的巫师站在墓地祭坛的位置，拿玉版的正北和东北的两个圭形图案分别对准太湖山和东北方向的土山，祈祷太阳能够带给他们更好的收成，同时根据太阳出山、落山的位置，大致测算出一年中的时节变化，决定播种的时间、收获的时间、储存食物的时间。

关于玉版还有很多的猜测，比如很多人认为它是洛书的源头。

洛书是一组神奇的数字组合，从 1 到 9 的数字在 9 个方格内重新排列组合，所有数字横向、竖向、斜向相加之和都相同。

根据上古传说，大禹治水时，看到有神龟从洛水出现，背负"洛书"。大禹根据洛书，划分出九州，并用来治理天下。

因为玉版的边缘钻的小孔数字存在一定的运算规律，比如两边各 5 个，下边 4 个，上边 9 个，"4"加"5"可以得到"9"，所以有人认为它就是洛书的源头。这好像有一点儿牵强。

玉版中蕴藏的古老而有趣的谜团，或许很难在短时间内被解开和验证。但是无法否认，玉版代表的凌家滩文化，是一个被低估的史前文明，让我们一起期待揭开它神秘面纱的那一天吧！

黄道十二宫浮雕

丹德拉神庙

法国·卢浮宫

18 世纪末，拿破仑带着大军远征埃及，和他一起前往的还有 100 多名科学家和技术人员。他们来到古城丹德拉的神庙，对着神庙穹顶镶嵌的一块浮雕发出了惊呼！

接着他们把浮雕的图案临摹下来，带回了巴黎发表，引起了广泛的关注。多年后，法国人来到丹德拉，用炸药炸毁屋顶，把这块好几吨重的浮雕运到巴黎。这块浮雕，再也没有回到原来的位置。

浮雕是少见的圆形结构，直径约 2.5 米，材质是砂岩。石板上面雕刻着各种人和动物组成的图案，其中有一些你看着可能有一点儿熟悉——星座？没错，这块浮雕描绘的就是古埃及人眼中的灿烂夜空。

这块浮雕被称为"丹德拉星座石板"，也被叫作"丹德拉神庙黄道十二宫浮雕"。

石板中心的大圆就是天空的象征。最外围有 4 名呈托举姿势站立的女性，代表着天空的 4 个支柱，她们和 8 位鹰头人身神共同将中心的"天空"托起。

"天空"圆周的内侧排列着 36 个造型各不相同的神像，代表着古埃及天文学中的"旬星"。

"天空"中分布着各种天体，包括金星、水星、火星、木星、土星，也包括我们今天所说的"十二星座"。正中还绘制了代表日食、月食的形象。

丹德拉神庙黄道十二宫浮雕

被认为是"我们拥有一个古老天空的唯一完整地图"，被现代埃及列为五大流失文物之一。

2000 多年前的古埃及人，也研究"十二星座"吗

丹德拉星座石板的内圈，分布着不同的人与动物的形象，仔细辨认，你会发现你可以靠形状辨认出今天的十二星座！2000 多年前就有十二星座了吗？十二星座起源于埃及吗？

当时有一部分星座的造型和现在的星座造型很相似，只是多了一些古埃及特色。比如，水瓶座是尼罗河神哈比拿着两个喷出洪水的瓶子。

十二星座源自哪里

十二星座起源于古巴比伦，大约 3000 多年前就已经出现。

人们从地球上观测太阳，发现太阳在天空中慢慢移动，一年正好移动一圈，回到原位，这条太阳"走过的路线"就被叫作"黄道"。

古巴比伦人通过长期对天空的观测，确定了黄道的轨迹，又把黄道均匀地分为 12 段，用来标记这一个月里太阳的位置，这 12 段被称为"黄道十二宫"。当时人们认为，黄道绕行一周，正好会穿过 12 个星座，每一段对应一个星座，这一段也就以星座名称来命名。

星座 | 古人将天空中比较明亮的、位置相近的星星归为一组，把它们组成的图形与神话中的人物或者器具联系起来，叫作星座。

这种划分方法后来流传到古希腊。

在丹德拉神庙黄道十二宫浮雕制作的时代，古埃及已经被古希腊人征服，历史上称之为"托勒密王朝"。古埃及的天文学因此从古希腊引入了黄道十二宫和十二星座的概念。

为什么要划分星座

星座一定是大家日常最爱聊的话题之一，通过星座分析性格、预测运程……其实，并没有科学依据表明人的性格命运、吉凶祸福与星座有关。

我们在地面看感觉离得很近的两颗星，在宇宙中可能距离几十光年，如果我们身处其他星系，看到的"星座"将是完全不同的样子。同一星座的星星彼此之间也互不影响，对遥远的地球上生活的人类的性格和命运就更没有什么影响了。

没有科学依据说明人的性格和运势与星座有关，认为有关系的这种心理被称之为"巴纳姆效应"。

巴纳姆效应

星座占卜时，占卜师往往会使用一些笼统的、模棱两可的话来揭示某类星座的人的性格、运势，人们往往很容易接受并且喜欢代入自己去解读，如果发现其中有一些符合的地方，便会觉得预测得很准确。这种现象在心理学上被称为"巴纳姆效应"。

巴纳姆效应是 1948 年由心理学家伯特伦·福勒通过测验证明的一种心理学现象，以马戏团艺人巴纳姆的名字命名。

星座的划分主要是为了观测和研究宇宙中的天体。

1928 年，国际天文学联合会明确把天空划分为 88 个星座，并且根据星座的不同位置划分了五大区域，将太阳之外的所有恒星、星云、星系都精确地划分到特定的星座中去，这样就更加容易开展研究了。

黄道十二星座的划分则是为了能够更好地观测太阳的运行位置，以此确定季节的变换。比如，太阳进入白羊宫，代表着春分；太阳进入天秤宫，代表着秋分。

十三星座

1928 年国际天文学联合会确认黄道穿过第 13 个星座——蛇夫座。不过，黄道十二宫与我们今天所说的黄道带十二星座并不相同，NASA 曾专门回应称不应将天文学与占星学中的星座混为一谈。"占星学"目前仍旧是十二宫，大家不用担心自己突然变成蛇夫座。

中国古人也信十二星座

虽然古巴比伦离中国非常遥远，但星座学说大约在隋朝的时候随着佛经由印度传入了中国。当时有一位从天竺来的高僧，带来了自己翻译的《大乘大方等日藏经》，有一段是这样写的："是十月时，磨竭之神主当其月。……是十一月，水器之神主当其月。"

随着中西方文化的交流，星座学说也逐渐被人熟知，只不过名称跟我们今天的不大一样。我们现在熟悉的十二星座的名称是到晚清时才逐渐固定下来的。

星座名称变迁

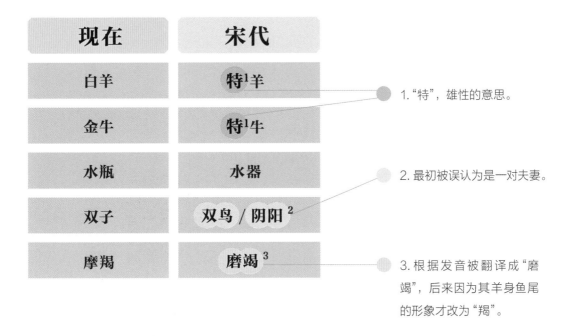

现在	宋代
白羊	特[1]羊
金牛	特[1]牛
水瓶	水器
双子	双鸟 / 阴阳[2]
摩羯	磨竭[3]

1. "特"，雄性的意思。

2. 最初被误认为是一对夫妻。

3. 根据发音被翻译成"磨竭"，后来因为其羊身鱼尾的形象才改为"羯"。

敦煌莫高窟第 61 窟里的壁画上就绘有十二星宫造型，这些壁画一般被认为是在西夏时期绘制的。

辽代有一个叫张世卿的官员，他的墓室穹顶的壁画中心是一朵莲花，围着莲花画着十二星宫的图案，遗憾的是，"金牛宫"的图像被盗墓者破坏了。

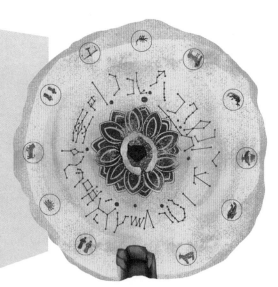

到了宋朝，人们已经和今天的我们一样热衷于谈论星座。比如他们打仗前一定要先用星座测一测运势——本月适不适宜打仗？哪个星座的士兵适宜打仗？

大文豪苏轼还是坚定的"摩羯座黑"，他在文章里感叹，自己和前代的文学家韩愈一样，经常被人在背后说坏话，人生坎坷，一查自己的生日才发现，原来他们都是"摩羯命"，难怪运气不好啊！

有意思的是，由于苏轼的影响力太大，后来"磨竭（摩羯）为命"成了古代文人在诗文里常用的典故。只要觉得自己怀才不遇，就说我跟韩愈、苏轼一样是"摩羯座"，即使他并不是"摩羯座"。

丹德拉神庙黄道十二宫浮雕

托克托日晷

北京·中国国家博物馆

清光绪二十三年（公元 1897 年），在内蒙古托克托厅（现在叫托克托县）的大草原上，一名牧民无意中发现了一块埋在土里的方形"石板"。石板质地细密光滑，其中一面有着人工雕琢过的复杂图案，乍一看像一个"靶子"，仔细看又有些奇怪。

- 石板正中间有一个小圆孔，以它为中心，从里到外刻了一个小圆、一个小正方形和一个几乎与石板边缘相接的大圆。

- 大圆的圆周上部约 $\frac{7}{10}$ 的部位，均匀地钻了 69 个小孔，在小孔和内部的小圆之间刻了 69 条直线，把圆面的大半部分均匀地分成了 69 份。

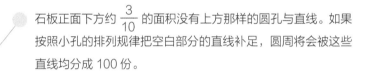

- 每个小孔旁边都用小篆字体按顺序刻着数字，从"一、二、三"一直排到"六十九"。

- 石板正面下方约 $\frac{3}{10}$ 的面积没有上方那样的圆孔与直线。如果按照小孔的排列规律把空白部分的直线补足，圆周将会被这些直线均分成 100 份。

这块"石板"被清末北洋大臣端方买走，他经过仔细研究后认定，这不是一块普通的石板，而是汉代人用来测量时间的"日晷"，但晷面上的指针已经没有了，所以让人搞不清楚它的用途。

托克托日晷

汉代日晷中保存下来的唯一完整的实物，也是现存的我国最早、最完整的日晷。

没有钟表，古人怎么计时

汉代托克托日晷是目前我国现存最早、最完整的日晷。这说明从汉代开始，古人就已经普遍使用日晷计时了。你知道日晷的原理是什么吗？除了日晷，古人还有什么计量时间的方法？

日晷的原理

对于古人来说，太阳东升西落永远不会变化，是生活的"时钟"，指引大家劳作和休息。因此，人们最初想到的计量时间的办法，就是记录太阳移动的规律，观测太阳照射物体投下的影子。

一天中的不同时候，影子的长短、方向都不一样：早晨的影子最长，到中午逐渐变短，中午过了又重新变长；影子的方向也在变化，我们中国位于北半球，早晨的影子在西方，中午的影子在北方，傍晚的影子在东方。

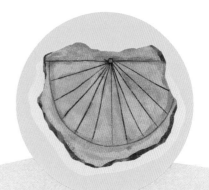

为了记录影子的方向，古人在地面上竖一根笔直的竿子来"捉住"影子——这也就是成语"立竿见影"的由来，再画出一天中影子位置的变化，用标记来对应白天不同时刻，这样就做出了最早的日晷。

日晷名字里的"晷"字就是日影的意思，表明它是通过太阳的影子来计时的工具。不同地区的古代文明都独立发明出了日晷，埃及最古老的日晷是在帝王谷出土的，据考古资料显示，这具日晷的文物可追溯至公元前1500年，距今已有3500多年的历史。

日晷的主体是一块圆盘，上面刻着代表时间的刻度，它叫作"晷面"；穿过晷面中心的指针叫"晷针"，也叫"正表"。晷针的影子投在晷面上，并随着太阳位置的变化而变化，古人通过看晷针影子的位置来判断时间，就像我们现在的钟表指针一样。

托克托日晷怎么用

知道了日晷的原理后，你可能会觉得托克托日晷的使用方法很简单，只不过是在中间的孔里竖直插一根晷针，再观察它的影子对应的位置，就可以直接使用了……确实如此吗？

我们可以先做一个实验。

将一根铅笔竖直固定在白纸上，当作日晷的晷针，将白纸平放在阳光照射的桌子上。

每隔一小时，将铅笔投下的影子画在纸上，形成一条条射线。

在五六个小时之后，你会发现，这些相邻射线的夹角不一样大，也就是说，如果你在纸上画出刻度，必然不会像托克托日晷那样均匀。难道托克托日晷有错误？

你可以试着把"晷面"立起来与地面保持一定角度。

如果保持晷针和晷面垂直的方向不变，将晷面"斜"着摆放呢？经过调整晷面与地面的角度，你会发现影子在晷面上移动的角度变得均匀了。

这是90°减去当地的地理纬度。

这是因为此时晷针与地球的自转轴平行，顶端指向北天极，因为地球的自转速度均匀，在这个位置上阳光的移动速度也始终均匀。这时晷面与地平面的角度其实就是90°减去当地的地理纬度。

只在日晷中竖直地插入一根晷针就想要准确地计时，这只能在赤道实现。日晷的使用过程中，还需要倾斜晷面和地平线保持某个特定的角度，而且这个角度需精准匹配所在地的纬度，才能保证投下来的影子准确地对应时间刻度。古人不知道什么是纬度，但是他们可以通过一遍一遍地实验，让晷面倾斜的位置尽可能地准确。

我们在故宫里看到的日晷，晷面与地平线的角度大概在51°6′。古人使用托克托日晷，可能也是如此。

不过，一直以来专家们对托克托日晷的用法和用途也有争议，也有人认为它是根据太阳影子的位置来测定方向的，还有人认为可以用它记录每天白昼长短的变化。关于它的奥秘，还有待进一步揭开。

托克托日晷表面的小孔是做什么用的？有的研究者认为，可以在里面插入小的指针，叫"游仪"，通过小孔游仪影子的方向来校对中间的大指针是否准确指向北天极。

没有光，也不能迟到

观察托克托日晷，大家一定能注意到它只有一部分刻着刻线。其实，托克托日晷表面可以被直线均匀分割成 100 份，代表一天的 100 刻。但是它是通过太阳影子的位置来确定时间的，现在的 69 条刻度线已经足够测量整个白天的时间了。

刻
•

古人把完整的一昼夜分为 100 份，叫作 100 刻，当时的一刻大约是 14 分 24 秒，不是标准的 15 分钟。到了清代，计时越来越精准之后，一天 24 个小时被调整为 96 刻，1 刻钟为 15 分钟。

那么古人夜晚怎么计时呢？阴天怎么办呢？

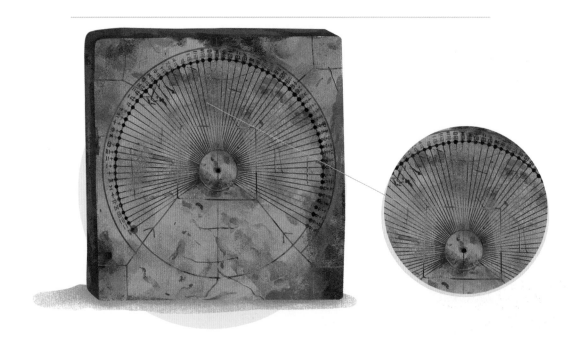

漏刻

古人发现水流动的速度比较均匀，所以他们在一个大容器里装上水，再开一个小孔做成漏筒，根据水位的变化来指示时间的变化。这种测量时间的工具叫水钟，中国古代叫它"漏刻"。

漏筒里会插入一个刻有 100 个刻度的箭杆，随水面下降而逐渐下沉，方便观察水位。不过，箭杆的刻度分布并不均匀，下端的刻度疏，上端的刻度密。这是因为在使用漏刻时，如果容器里的水装得太多，就会流得比较快；水装得太少，水流会比较慢。

后来，古人又进一步改进了漏刻的结构——增加漏壶的数量，有的漏壶多达四五个。这样，让漏壶的水量保持稳定，水流的速度也就更稳定，箭杆经过改进，随最下方的箭壶的水位的升高而逐渐上浮。刻度的变化受到的影响更小，时间测量也就更准确。

给你一炷香的时间！

香钟

我们在古装剧中常常会听到"给你一炷香的时间"这句话，因为普通人家常常靠点香、观察香的燃烧情况判断时间。虽然不够精确，但使用方便。

一般烧完一根香要花两刻钟左右，也就是大约半小时。不过，因为香的材质、长短粗细不同，这个时间也很难准确定义。比如，《红楼梦》里为了比赛作诗的速度，点了一支"梦甜香"，书里提到这种香烧得比较快，可能只需普通香烧完时间的一半。

古人还发明了一种特殊的"香钟"——在香上标记固定的刻度，在对应的刻度上用细线挂一对金属小球，把香横着架在金属盘子上。当细线被烧断时，掉下去的小球就能把下面的盘子敲响，提醒人们时间到了。

打更

古代的城市里通常还有专职打更的"更夫"，他们手拿木头梆子或者小铜锣行走在大街小巷，每到一更，就会敲响梆子或锣报时，这一行为被形象地称为"打更"，和我们现在的整点报时非常相似。所以，只要你所在的地方有更夫，即便你的家里没有任何计时设备，也不用担心睡过头。

那么更夫们又是怎么知道时间的呢？因为他们并不是"单打独斗"，而是有统一的组织管理。通常，城里会有一座或几座专门报时的"谯楼"，有人专门守卫漏刻，每到一更便会提前敲钟、敲鼓，提醒各区域的更夫打更。

不过，如果你住在偏僻的乡村，那就只能听鸡的鸣叫来确定自己的起床时间了。

石刻天文图

苏州

苏州·苏州碑刻博物馆

如果去苏州的碑刻博物馆参观，你会看到一块黑色大石碑，上面画着几个"大圆圈"，还有很多线条和密密麻麻的小字。

北极星

这是一幅"天文图"，是在1000多年前的南宋一位叫黄裳的人组织的天文观测的结果的基础上绘制的。黄裳曾经是皇子赵扩（后来的宋宁宗）的老师，绘制这幅图的目的也是为了指导皇子学习天文知识，使其以后成为贤明的帝王。

石碑的上半部分是一千多年前星空的记录，一共记录了1400多颗星星，远远超过欧洲国家14世纪才知道的1022颗。

高 2.16 米、宽 1.06 米

大圆：直径 85.1 厘米，代表着能观测到的最大范围的天空的界限。

中圆：直径 52.5 厘米，代表天赤道。

小圆到大圆之间画了 28 条直线，把星图分成大小不等的 28 块，这 28 块里的星星就是中国古人所说的"二十八宿"。

小圆：直径 19.9 厘米，是北宋都城开封所在的北纬 35°的恒显圈，圈内记录了这里一年四季都能被观测到的星星。

与中圆交叉的圆：黄道，即太阳运行的位置。两个圆的交角约为 24°，与今天测量的黄赤交角 23° 26′ 已经非常接近。

两条不规则的线：蜿蜒而过的银河。

苏州石刻天文图

南宋淳祐七年（公元 1247 年）由王致远摹刻，距离今天已经有 770 多年的历史了，是世界上现存最早、最完整的大型石刻实测星图之一。

石碑的下半部分是说明文字，刻着较为重要的星的名称、位置，还总结了宋代关于天文、节气、时辰等方面的知识。

中国也有"星座学"

西方有星座，中国有星官

古人常常把位置比较靠近的星星归成一组，把它们想象成不同的形象。

西方人喜欢用动物给它们命名，把它们叫作"星座"。比如大家熟悉的白羊座、金牛座、狮子座……

中国古代则认为天上和人间一样，有皇帝、文武百官、平民，还有不同的建筑、器皿、动物、植物……他们把位置比较近的星星划为一组，一组从一颗到几十颗数量不等，不同的组合有不同的职能，主管不同的事务，叫作"星官"，以人间的事物命名。星官的数量比西方的星座数量多得多，三国时陈卓记录了283官，后世又有补充。

我们从石刻天文图上，可以看到这些星官的名字。

那颗星星的位置一直不变，被其他星星拱卫，肯定是天帝住的地方！

天上有

陈卓定纪

早在春秋时期就已经有人在记录星官，一直到三国时期，吴国的太史令陈卓总结前人的经验，首次编写出具有 283 个星官、1464 颗恒星的星表，历史上称之为"陈卓定纪"。南宋苏州石刻天文图也是以这一星象体系为蓝本绘制的。

中国星座划分体系：三垣四象二十八宿

---

283 个星官，怎么记得住呢？

为了方便辨认，古人又对这些星官做了划分，梳理了一整套恒星命名系统，叫作"三垣四象二十八宿"。

南宋苏州石刻天文图完整呈现了这套系统，把 1000 多年前北宋的星空带到我们面前，我们具体去看一下！

三垣

古人发现，星辰运行，斗转星移，来来去去，只有北极星岿然不动，而且其他的星星似乎都围着它转，于是他们认为这就是天帝的象征。围绕着"天帝"，古人用"三垣"搭建起一套完整的社会秩序系统。

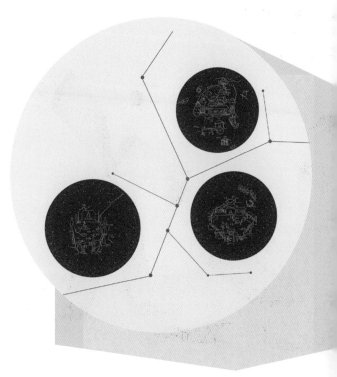

天帝寝宫——"紫微垣"

天帝居住的寝宫，古人称之为"紫微垣"。其中有 39 个星官，有皇帝、皇后、太子、宫女、辅佐皇帝的地位最高的大臣、象征出行遮阳的伞盖——"华盖"以及分别给皇帝和后宫做饭的"天厨""内厨"等。形状像一把大勺子的北斗七星，也在"紫微垣"，它围着北极星旋转，春、夏、秋、冬四季斗柄分别指向东、南、西、北 4 个方向，古人认为它是天帝出行时乘坐的马车，一年四季巡视着天上的不同区域。

议事朝廷——"太微垣"

天帝议事的朝廷叫作"太微垣"，文武官员都在这里，例如左执法即廷尉，右执法即御史大夫。

集贸市场——"天市垣"

　　"紫微垣"南方还有一个"天市垣"。这里是集贸市场，星星有一部分用市场里的经营内容命名，有卖肉的"屠肆"、卖布的"帛度"、卖宝玉的"列肆"等，特别热闹。

　　"天市垣"还有一个叫"贯索"的星官，象征着监狱，但这里只关押老百姓，如果是官员犯了罪，会被关押在紫微垣里的"天理"。

四象二十八宿

天文图上的星星那么多，还有很多
在"三垣"之外，这是怎么回事？

别急！通过天文图我们可以看到，"三垣"的周围被划分出 28 个区域，每个区域里都有一些绕着三垣运行的星官，这些就被称作"二十八宿"。

"二十八宿"主要是为了划分星官的归属，但它们并不是随意划分出来的，而是和月亮在天空中的移动轨迹有关。

因为古人认为，太阳在绕着大地转，他们观测太阳在天空中移动的轨迹，称为"黄道"。月亮在黄道附近运行，走一圈差不多要 28 天左右，所以古人就把黄道周围的星空划分为 28 个区域，每个区域里面的星官叫作"宿"。

宿

"宿"在这里是"停留、住宿"的意思，"星宿"其实是给月亮的"休息站"。古人认为人走累了要找个地方休息，月亮也一样，每天走累了都要停留在一个"星宿"里休息。月亮走一圈大约要 28 天，所以就需要"二十八宿"。

原来是只大公鸡！

到了唐代，二十八宿都有了拟人化的形象，每宿对应一个动物和日、月、金、木、水、火、土"七曜（yào）"中的一曜，例如"亢金龙""房日兔""心月狐"……《西游记》里，有一位真身是大公鸡的"昴（mǎo）日星官"，也叫昴日鸡，就是按这种方法取的名字。

古人还把二十八宿按照东、西、南、北4个方位分为4组，每组有7个星宿，称为"四象"，分别与青龙、白虎、朱雀、玄武4种动物形象相对应。

出自杜甫诗作的"人生不相见，动如参与商"，就与二十八宿有关。参宿属于西方白虎七宿，形状像一只老虎；商宿是东方青龙七宿里龙"心脏"位置的心宿的别称。这两个星宿一东一西，永远不会同时在天空里出现。

相传上古时期有一位部落首领叫帝喾（kù），他的两个儿子——阏（yān）伯和实沈，一见面就打得你死我活。他们后来分别成为掌管商宿和参宿的神，在天上也互不相见。所以"参商"就用来形容彼此对立，或是隔绝不通音信。

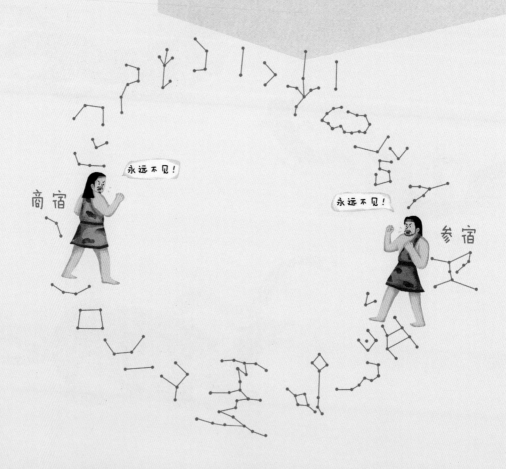

"天人感应"的宇宙观

中国古人很早就开始了对日月星辰的观测，历朝历代都设有专门观测天文的官方机构。

他们通过观测星宿出没的时刻来判断季节、节气，方便安排农业活动。例如，在商周时期，黄昏后南方天空出现星宿、心宿、虚宿、昴（mǎo）宿时，分别对应春分、夏至、秋分、冬至。

除此之外，古人相信"天人感应"，地上的万事万物都能和天上的各类星官对应，如果某些星宿出现了异常的天象，对应的事物可能就会遇到灾祸。例如，如果火星出现在心宿内，就预示着帝王去世、政权更换的灾祸。

不过，古代只有统治者可以观测天文——按照《诗经》的说法，天子可以，诸侯不可以。因为历法、国家吉凶预测对于古代的统治者来说等同于机密，如果被其他人掌握可能会威胁到他们的统治。所以，在古代，普通人很难有机会学习天文知识，而有资格学习的星官也受到种种规定的约束。

你们每天看星星好浪漫啊！

如果人间有灾祸，上天会通过天象示警，当然要观测。

观测日月星辰当然是为了"修历法"，不然如何安排衣食住行？

泉州湾宋代古船

泉州·泉州海外交通史博物馆

"这是中国自然科学史上最重要的发现之一！"1984年，世界著名科学家李约瑟博士在参观一艘古船后发出了这样的赞叹，他称赞的古船是目前发现的唯一一艘从海外返航的宋代古船，出土于福建泉州后渚港。

船身残长 24.2 米，残宽 9.15 米

排水量达 393.4 吨，载重量可达 200 吨

整艘船可容纳二三百人

古船目前只剩下了甲板下的船舱部分，长 24.2 米、宽 9.15 米，船头尖、船尾方，底部尖削，横截面正像一个"V"字，甲板底下的船舱被 12 块隔板整齐地分为 13 部分。

复原后的古船是一艘三桅远洋帆船，长 34 米、宽 11 米，经测算，船舱能够装重 200 吨的货物，在当时的船只体量里属于中等，远远算不上豪华。

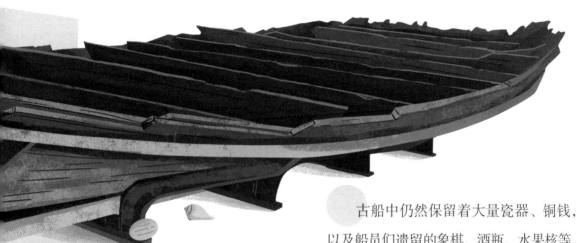

泉州湾宋代古船

1974 年出土于福建泉州湾后渚港，是宋代海船的珍贵实物，为 1991 年联合国教科文组织将泉州认定为"海上丝绸之路"起点提供了重要证据。

古船中仍然保留着大量瓷器、铜钱，以及船员们遗留的象棋、酒瓶、水果核等，此外，还有大量的香料。这些香料大多来自东南亚地区，可见它曾经航行上万里，远赴南洋各国。船上的货物保存得很完整，不太像是因遭遇海盗而沉船，沉没的位置比较浅，即使遭遇台风失事，之后也不至于不去打捞，所以它很可能是在宋末元初遭遇战乱沉没的。

"乘风破浪""过洋牵星"，看古人征服大海的秘密

福建省泉州市，是宋元"海上丝绸之路"的起点。"涨海声中万国商"，泉州和世界上近百个国家与地区有贸易往来，被其他国家称为"世界第一大海港"。每年冬季，无数船只从港口出发，借助北风的力量扬帆远航，将瓷器、丝绸、茶叶、香料运送到万里之外。

这都得益于中国领先世界的造船技术。当时中国的海船，就像现在的 C919 飞机，运载量大、稳定性强、安全可靠，航速也很快，阿拉伯人、波斯人等都非常愿意乘坐。

不过因为古代的船大部分都是木制的，极少保存下来，所以很多谜题无法解开。泉州湾后渚港这艘宋代古船在大海的风浪中远航万里回航，正好带大家一起去了解古人乘风破浪征服大海的秘密。

如何制作一艘宋代福船

泉州湾古船陈列馆的这艘沉船，是宋代时最常见的福船。福船，又称福建船、白艚，是中国古帆船的一种。福船很早就在书中有记载，但是很少有人见过到底是什么样子。

和常见的底部平阔的船不一样，福船的底部是很明显的V型，底部尖尖，船体扁阔，这样的船吃水深，好操纵，适合远洋航行。

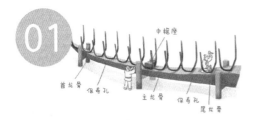

制作一艘这样的船，先从龙骨开始。选用粗大硬实的松木或杉木制成龙骨架，通过榫合技术，连接尾骨、肋骨，这样大大增加了船体强度，使船身更能够抗击海浪。

然后制作船舱和船壳。船舱通过12块隔板隔成互不相通的13个空间。

船壳采用多重船板叠合，底板是二重板，板与板之间的夹缝填塞麻丝、竹茹、桐油灰捣合的艌（niàn）料，然后用铁钉钉合，这种船非常坚固，不会轻易漏水、损坏。

安装好帆、舵等，制作成船。

最大的"黑科技"：水密隔舱技术

我们都知道，船在大海中航行时，最怕的事就是沉船。但海中的风险无处不在，如果船只有一个大船舱，一旦触到礁石撞破外壳，海水涌进船舱，很快就会降低船只浮力导致船沉没。

古人从竹节的构造找到了灵感，竹竿里有一层层的节，能够分隔出许多独立的空竹筒，相互不连通。参考这一构造，古人尝试用隔舱板将船舱分成许多个互不相通的密封舱室，叫作"水密隔舱"。

船壳受到损伤，几个舱室进水，其他舱室也不会被波及，依然具有足够的浮力和稳定性，有助于航行的安全。

舱壁越多，船壳、甲板获得的支撑也就越牢固，桅杆能够紧贴舱壁、和船体紧密连接，使船更结实。

对于载运货物的船只来说，增加船舱也便于对货物进行分类管理。就好像这艘船里，有的船舱放香料，有的放瓷器，如果全都塞在一个大船舱里，找起来会麻烦许多。

看上去好像很简单，但水密隔舱技术是中国在造船技术上最伟大的发明之一，今天仍然应用在现代造船工艺之中。2010 年，"中国水密隔舱福船制造技艺"被联合国列入世界《急需保护的非物质文化遗产名录》。

20 世纪初最大的轮船"泰坦尼克号"就设置了 16 个单独的水密隔舱，号称永不沉没。然而，它没有领会到这项技术的精髓——这艘船因水密隔舱没有封顶，所以超过 4 个隔舱进水，船体下沉，海水从隔舱顶部顺势流到其他隔舱，成为了导致轮船沉没的原因之一。

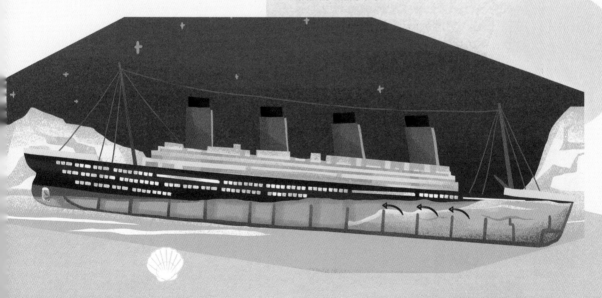

没有导航系统，有"过洋牵星"

在海上，古人要确定方向并不难，宋代已经发明了指南针，也可以观察太阳升起落下的位置判断东、南、西、北。但是，茫茫大海一望无际，古人如何确认自己所在的位置、计算和目的地的距离呢？"过洋牵星"术就是他们常用的方法。

听起来虽然很神奇，但它的原理很简单：地球是球形的，在不同地方观测同一颗星，它在天空中的高度会因为观察者所在地纬度的变化而变化。

所以，古代航海的船员们经过口耳相传、记录绘图等多种方式，留下了在海上不同位置观测到的星星高度和海平线形成的不同角度的记录，船只在行驶过程中，如果船员观测到的星星位置接近某一地方的记录，就说明快要到达这个位置了。

就拿这艘宋代古船来说，它一路向东南亚行驶，船员可以观测北极星离水平面的距离，离得越近，就说明位置越靠近赤道，船离南洋国家也就越近了。

　　判断星星的高度和角度，比较简单的办法是用自己的手去测量。平伸右臂，手腕向左转，拇指下伸和视野里的海平面相连，用自己手掌的长度去判断要测定的星星的位置。

　　这个方法，世界上很多地方都曾经使用过，迪士尼动画《海洋奇缘》里，大洋洲的波利尼西亚人就是用这种办法，在航海过程中观测星星的位置的。大洋洲、亚洲南部的一些部落甚至会在手上文身，标出星星的位置，在举起手测量的时候将其作为参考。

　　但是，每个人的手的长度不一样，这种办法测量很不精确，只能粗略判断，想让测量更精准，就得依靠统一标准的工具了。

根据记载，古代海船有一种独特的确认方位的工具——"牵星板"。根据记载，这种"牵星板"是 12 块方木板，最大的木板边长为"12 指"——相当于现代的 24 厘米，然后边长依次递减，最小的一块每边长"1 指"——大约 2 厘米。所有木板的中心都有孔，穿了一根大约 72 厘米长的绳子，相当于一个成年人伸直手臂后眼睛到手之间的距离。

01

确定要测量的星星，根据大致位置选择大小合适的牵星板。

02

左手拿住牵星板，伸直手臂，让牵星板和海平面垂直，右手拉直绳子到眼睛附近。

03

调整木板的位置，上沿贴着星星，下沿贴紧海平线，如果板太大或太小就要更换其他大小的星板，直到基本吻合。

04

确定星星的高度。根据前人整理的牵星图的数据进行比对，判断大致所在位置。比如，如果北极星离海面高二指（一指约 2 厘米对应夹角 5°44′）左右，就说明航行的位置接近越南中部海面。

为了能让结果更准确，往往需要多"牵"几颗亮星来定位，最常参考的有北极星、织女星等。

可以说，过洋牵星术对中国古人航海事业的成功起到了巨大的帮助，在 15 世纪领先其他国家。而同样利用观测星星和地平线的夹角来判定所处位置的"六分仪"是欧洲人于 18 世纪发明的，比过洋牵星术至少晚了 300 年。

云纹铜禁

1975 年，河南的一次暴雨将沉睡千年的楚墓群冲刷而出，其中有一件华丽神秘的青铜器尤为引人注目，它就是"云纹铜禁"——一张用来禁酒的酒桌，它被要求永远不能出国（境）展览。

高 28.8 厘米
纵长 131 厘米
横长 67.6 厘米
重 94.2 千克

云纹铜禁的主人是春秋时期楚国令尹（相当于"宰相"）子庚，子庚是春秋 5 位霸主中楚庄王的儿子。当时，楚国国力鼎盛，造出来的云纹铜禁自然是格外华丽精美。

禁·

吸取商王朝纵酒亡国的教训，西周颁布了中国最早的"禁酒令"——《酒诰》，要求公卿、诸侯只能在祭祀等特殊场合喝酒，且不许喝醉。于是，放酒的案台就用"禁"来命名。

目前，出土传世的铜禁不足10件。

铜禁主体为长方体，四周趴着 12 个龙形异兽。它们用前爪攀住"桌面"，昂起脑袋，翘着尾巴，眼睛看向桌子中间，伸出舌头，像是被美酒馋得流口水，又像在大声提醒主人不要"贪杯"。

桌面中心是一个光滑的平面，铜禁四周都用镂空云纹装饰，仔细观察，镂空云纹居然有 5 层之多！粗细不一的铜梗重叠交错、卷曲盘绕，又互不连接，而且完全看不出铸接、焊接的痕迹。

桌子由 12 个虎形异兽作为支撑。它们也伸着舌头，好像是背上的负担太重了，累得直喘气。

古人采用了一种特殊的工艺——"失蜡法"制作云纹铜禁，今天，这种工艺被应用在现代的航空航天科技中。

云纹铜禁

目前出土体积最大、造型最精致复杂的铜禁，证明我国早在 2500 年前，已经熟练掌握了失蜡法铸造工艺。

2500年前，我们就已经掌握了这项航空制造技术

一般青铜器的制作方法，根本无法制作出云纹铜禁这么复杂的青铜器。专家们仔细查看云纹铜禁的每一处细节，发现铜禁下端和底座四角的小口有蜡液流出的痕迹，确定它是由失蜡法完成。

这里有蜡液流出小口的痕迹

失蜡法为何能让坚硬的青铜像柔软的毛线一样被"编织"？
云纹铜禁又是怎么制作出来的？

"失蜡法"是什么

你自己在家做过棒冰吗？把果汁或者牛奶倒在模具里，放进冰箱冷冻之后，就能得到一根特殊造型的棒冰。

古人铸造青铜器和自制棒冰的原理其实差不多，将金属高温熔化成液态，再灌到对应的模具里，等熔化的金属冷却后就能得到想要的形状。"失蜡法"是这一类制作工艺中比较复杂的一种，制作像云纹铜禁这样复杂造型的器物完全没有问题。

失蜡法的制作流程可以分为 5 步：

01

制模

按照想制作的器物形状用黄蜡（蜂蜡）等材料制作蜡模。

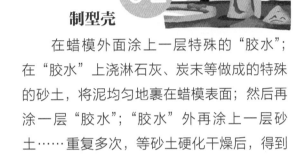

02

制型壳

在蜡模外面涂上一层特殊的"胶水"；在"胶水"上浇淋石灰、炭末等做成的特殊的砂土，将泥均匀地裹在蜡模表面；然后再涂一层"胶水"；"胶水"外再涂上一层砂土……重复多次，等砂土硬化干燥后，得到型壳。注意，要在型壳底部留出小孔。

03

加热

把完成的型壳放入蒸汽或者热水中，用高温使蜡模熔化，从底部的小孔中流出，得到一个中空的型壳。型壳放入炉中煅烧，使它更加坚硬。

04

浇铸

通过高温让金属熔化成液体，再将其注入空心的模具，等待冷却。

05

除范

去掉最外层的范，就可以得到一个金属铸件。

范

古人把用来制作金属器物的型壳称为"范"，与制造型壳的"模"合称"模范"，现在指做出突出贡献的榜样。

云纹铜禁是怎么制造的

失蜡法的制作步骤我们已经了解了，那云纹铜禁具体是如何制作出来的？

根据对复杂云纹出现的规律的总结，专家判断出，云纹铜禁的制作过程应该是这样的：

制作铜禁主体

①工匠分别雕刻出 24 块带有云纹图案的蜡模和 1 块平面蜡模，把 25 块蜡模拼在一起。

②在外表浇上泥土制范，形成一个完整的铜禁泥范。

③加热泥范，使蜡模熔化流出，得到一个中空的型壳。

④向型壳的空腔灌入铜液，等待冷却成形。

⑤除掉最外层的范，就成功铸出了云纹铜禁的主体。

制作24个"小怪兽"

与此同时，采用"失蜡法"单独制作出铜禁上的 24 个小怪兽。

像组装积木一样把它们组装在一起

①趴在铜禁桌面周围的 12 个小怪兽的肚子上都有一个卯眼，把它们依次插入铜禁桌体上对应的 12 个榫头。

②同样，底部作为支撑的小怪兽，腰部也有一个卯眼，把它们和铜禁底部凸出的柱状榫头插在一起。这样，我们就得到一个完整的云纹铜禁了！

Q

这么简单就能得到一个"云纹铜禁"吗？

A

不，"失蜡法"的应用过程要复杂得多，对工艺的要求非常高。而且，在古代只能依靠数量有限的天然蜂蜡作为重要材料，所以现在流传下来的使用失蜡法制作的器物很少。

云纹铜禁是已知最早使用"失蜡法"制作的器物之一。在此之前，失蜡法一度被认为是从印度传来的，因为最早记载的失蜡法工艺是唐代初年的史书。云纹铜禁的出现将我国失蜡法出现的时间向前推进了 1100 年。

同款工艺在航空航天科技中的应用

失蜡法在现代的精密铸造中也叫作"熔模精密铸造"，常被用在航空航天零件的制造中，尤其是用在航空发动机最重要的涡轮叶片的制造中。

涡轮叶片作为航空发动机最重要的零件之一，对于精确度要求非常高，而且制作涡轮叶片的材料是经过处理的特殊材料，并非普通的金属，加工时很容易变形，如果出现裂纹将威胁飞行员的生命安全。一般的铸造工艺根本无法制作。

"失蜡法"在结构上无须分型铸造就可以精准呈现复杂的形状，所以被引入现代铸造工艺中，成为熔模铸造工艺的代表，解决了涡轮叶片的制造难题。

用"失蜡法"制造航空发动机涡轮叶片等精密零件的原理，和2000多年前的制造云纹铜禁的原理其实差不多。

01

首先，根据所需零件的形状要求，用特制瓷土等耐火材料做成涡轮叶片的内芯，在外部包裹上一层蜡层。

云纹铜禁，你的技术原理，我用了。

03 加热让蜡熔化后，得到由耐火材料形成的空壳，它就是所需零件的精确复制品。

04 将熔化的金属灌入空壳，冷却后去除型壳金属零件。

02 在蜡层外，裹上一层瓷土耐火材料。

当然，实际操作中还有很多复杂的程序。这种方法生产的零件一般不需要再次加工就可以保证不出现变形、开裂等现象。难以锻造、焊接和切削的合金材料，也适用于这种铸造方法。

我国是世界上 5 个能够制造航空发动机的国家之一，如此高精尖的科技中竟然有一项技术来自于 2500 多年前，让人不得不感慨古人的智慧。如今，失蜡法不仅在航空航天科技领域里有应用，在许多制造业领域也发挥着作用——大到精密的元件，小到首饰、假牙，这些复杂的形状被精准地铸造出来都离不开它的功劳。

3D 打印技术可以制作云纹铜禁和涡轮叶片吗？

失蜡法的制作原理和 3D 打印很相似，随着 3D 技术的发展，或许能够复制出云纹铜禁，但是无法打印涡轮叶片。因为涡轮叶片作为航空发动机的重要零件，在高温、高压、高速的环境中运转，对于强度和精度的要求非常高，3D 打印目前根本完成不了。

云纹铜禁

素纱单衣

直裾素纱单衣
长 128 厘米
袖子展开长 190 厘米
重 49 克

曲裾素纱单衣
长 160 厘米
袖子展开长 195
重 48 克

　　一件衣服能有多轻？你可能想象不到，汉代的"素纱襌衣"除去袖口、领口这些较重的部分，就可以装进一个火柴盒！"襌衣"也叫"单衣"，就是"没有里的单层衣服"的意思，由极细的蚕丝织成，出自马王堆汉墓。

这两件素纱单衣，根据衣襟的不同形状分为"直裾"和"曲裾"。它们的大小其实和现代人穿的风衣差不多，但各自的重量都不到50克，还不如一个鸡蛋重，而且，这个重量还包括了袖口和领口边缘缝缀的几何纹绒圈锦。如果不算这些装饰，衣服的重量只有25克左右，相当于一颗草莓的重量。

马王堆汉墓
· · · · · ·

西汉时期的墓葬，埋葬着长沙国丞相、轪（dài）侯利苍和他的夫人辛追、儿子利豨（xī）。

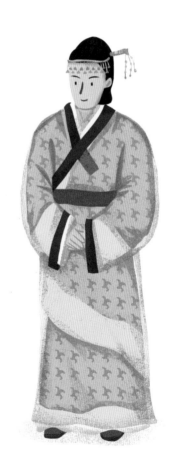

◀ 薄如蝉翼轻如烟，关于素纱单衣的穿法众说纷纭，大部分学者认为，它应该是罩在华丽的锦绣衣服外面，增加朦胧的美感。但尚无定论。

西汉素纱单衣

西汉素纱单衣，世界上现存年代最早、保存最完整、最轻薄的衣服，体现了2000多年前中国丝织品工艺的最高水平。

能装进火柴盒的衣服，用现代技术能制造吗

素纱单衣为什么这么轻

虽然素纱单衣到底在什么时候穿、怎么穿，暂时没有准确的答案，但无论是哪一种穿法，追求的都是"薄如蝉翼轻如烟"的朦胧美。

它的布料非常稀疏，经密度是每厘米 58 ～ 64 根纱，纬密度是每厘米 40 ～ 50 根纱，比一般的丝织物用的纱少得多。如果把它的表面放大观看，会发现上面满是孔眼，即使将素纱单衣折叠 10 层，仍然可以透过它看清报纸上的字。

南京云锦研究所曾经受湖南省博物馆（现湖南博物院）委托，用蚕丝仿造素纱单衣，但第一件复制品的重量超过 80 克，几乎比原件要重一倍。

西汉与现代的蚕宝宝吐出的丝大不一样。

素纱单衣这么轻，最大的秘密是蚕丝。当时所使用的蚕丝是"三眠蚕"吐出的蚕丝，这种蚕只需要蜕皮3次就可以吐丝，它吐出的蚕丝非常细，每平方米纱料仅重15.4克，比现在的蚕丝纱料要轻得多。

经过几千年的驯化演变，现在的蚕均进化为"四眠蚕"，这种蚕通常要蜕皮4次后才能吐丝，块头也比"三眠蚕"要大得多，吐出来的丝更粗，织成的衣服自然更重了。

为了能够让蚕吐出的丝更细，研究所花了许多心血，找到一些瘦弱的"三眠蚕"，工作人员还特意减少了对它们的喂食量，让蚕"减肥"，经过一次次的调整，终于获得了纤细的蚕丝。

还得继续减肥。

织机也很重要。

这就是我的织机.

虽然蚕茧看上去像是由许多丝密密麻麻交织而成的，但其实它是由一整根丝缠绕而成的，组成一个蚕茧的蚕丝最长可以超过 1000 米。

光有蚕丝还不够，还要用特制的机器来纺织。因为这些细丝非常脆弱，每天只能织出 10 厘米的长度。南京云锦研究所用了一年半的时间，终于织成了一件 49.5 克的仿真素纱单衣，但与真品 0.5 克的差距仍然没有抹平。即便如此，这项仿制工作也花费了 13 年的时间。

被驯化的家蚕

古罗马曾经称中国为"赛里斯"，意思就是"丝之国"。丝绸制造工艺是中国贡献给世界的重大发明之一，而各种各样精美的织物，都来自小小的蚕吐出的丝。

蚕卵孵化的条件十分严苛，大概需要 15～30 天能孵化出幼蚕；幼蚕孵出 2～3 个小时之后开始吃桑叶、逐渐长大，在吐丝之前它们会经历 3 次或 4 次蜕皮，蚕农管蚕的蜕皮叫"眠"。之后蚕就会吐丝结茧，用茧把自己包起来，渐渐变成蚕蛾。

中国是世界上最早开始养蚕的国家，神话传说中种桑养蚕的方法源于黄帝的妻子嫘祖，但实际是从什么时候开始的还无法精确考证。

养蚕在夏商周时期就已经很受重视了，会设置专门的官员负责养蚕，会举行祭祀，祈祷农桑顺利。

慢慢地，人们掌握了控制家蚕制种孵化时间的方法，养蚕技术越来越成熟。根据南宋的《蚕织图》，可以发现当时养蚕的过程，从浴蚕到择茧、窖茧需要经过 16 个步骤，每一步都非常重要精细，养蚕的技术已经趋于完善。

同时，人们对于蚕种的选择和品种改良越来越重视，尝试利用各种办法留取好种，淘汰低劣蚕卵。比如，体质较弱的三眠蚕逐渐被越来越健康的四眠蚕取代。

上古传说

原始社会

夏商周

两汉时期

宋代以后

山西夏县师村遗址发掘出了距今约 6000 年的石雕蚕蛹，在当时人们很可能已经发现了蚕能吐丝。河南省荥（xíng）阳市汪沟遗址出土的瓮棺里，检测出炭化的桑蚕丝残留物，距今约 5300 至 5500 年，是目前所发现的中国最早的丝织品。

西汉的时候主要采集利用野蚕，汉朝主要饲养三眠蚕，三眠蚕龄期为 21 日。

《蚕织图》

南宋楼璹（shú）《耕织图》的一部分，系统完整地归纳了古代传统蚕桑丝织的生产流程，将当时蚕织生产分成二十四事。

从蚕丝到素纱单衣，要经历多少步

古人在采集果子的时候，偶然发现桑树上有一种白色的"小果子"——是吃桑叶的野蚕吐丝结出的茧。人们发现咬不烂，就把它放到陶器中煮，搅了一搅之后，"小果子"居然变成了细细的丝。这或许就是最早的"缫丝"技术。

01

最初，人们将蚕茧切碎，再把切碎的短丝用中间有孔的纺轮纺成线。

02

有了线之后，再把它们编织成布料。

03

最早的织布方式是把一根根竖向的"经线"绑在两根木棍上，再用梭子拉着横向的"纬线"，像编席子那样一上一下地从中穿梭过去。

经过不断的探索，纺织机器得到改良，丝织品工艺也越来越高超，并且根据不同的织造类型，丝织品被分成不同的种类。

在汉代的时候，丰富的丝织品已经令人眼花缭乱，除了我们最熟悉的绸缎，还有平纹地上起斜纹花的"绮"，以彩色丝线织出斜纹提花的"锦"，斜纹单层织造的"绫"，经纱互相绞缠出现孔隙的"罗"，稀疏的细丝织成的"纱"等。不过，在汉代，尽管已经有了彩色丝线制作的锦，但针对复杂花纹的染色工艺还不够成熟，通常需要在织好之后再上色和画图案。

汉代的丝织品生产规模已经相当庞大，不仅有官府开办的手工纺织业，还有民间为了谋生开展的手工业，朝廷在长安建设的东、西织室就有数千名工人。当时皇帝经常给大臣赏赐上千匹、上万匹丝绢，中国的丝绸也通过"丝绸之路"远销西域。

素纱单衣

长信宫灯

石家庄·河北博物院

重 15.85 千克
高 48 厘米

《三国演义》中，刘备经常自称是"中山靖王之后"，这样就可以把自己包装成皇亲国戚，抬高身价。刘备口中的"中山靖王"叫作刘胜，是汉景帝的儿子，汉武帝的兄长。

我就是中山靖王之后……

我就是中山靖王，请问你是？

50 多年前，汉代刘胜（汉景帝刘启之子）和妻子窦绾的合葬墓意外被发现，随葬品中有一堆看似不起眼的"铜片"给历史学家带来了惊喜。

这堆"铜片"是在窦绾墓的主室内被发现的，看上去像是一堆零部件。专家经过仔细的修复，终于把它们组合在一起，恢复了本来面貌——竟然是一个跪坐执灯的宫女铜像！

宫女的左手捧着这盏灯，右手高高举起，袖子下垂罩在灯的上方。原来，宫女的整个身体都是灯的一部分！更妙的是她的左手托着灯座，右手提着可以开合的灯罩，自然下垂的袖子与中空的身体相连，就组成了烟道。这样，燃灯时产生的烟就能顺着袖子进入她的身体，防止空气污染了。

这就是被称为"中华第一灯"的"长信宫灯"，距今已有将近 2200 年的历史。

长信宫灯

"中华第一灯"，将实用的功能、科学的结构和美观的造型完美地结合在了一起，体现了古人的"环保意识"，代表了汉代灯具艺术的最高水平。

环保灯具，中国人 2000 年前就在做了

"长信宫灯"的身世

长信宫灯的主人是谁？灯座周边刻着的铭文给了我们一些线索。

"长信尚浴，容一升少半升，重六斤，百八十九，今内者卧。"意思是，这盏灯曾经放在长信宫的浴室中使用。

那么问题来了，长信宫是汉代太后居住的宫殿，这盏灯为何不是在太后墓中被发现的呢？

除了灯座周围，长信宫灯的表面还有"阳信家"等 9 处铭文，共 65 字。奇怪的是，这些铭文的字体、刻工并不一致，因此专家认为它曾经更换过不同的主人，这些铭文并不是一次刻成的。

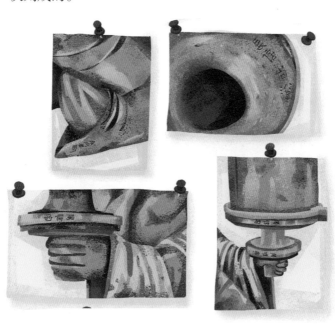

那么长信宫灯的主人，到底是谁呢？

根据上面的几处"阳信家"铭文，能够推测出两种可能性。

可能性 1

阳信夷侯

窦太后的
长信宫

可能性 2

阳信长公主

阳信夷侯刘揭的儿子刘中意参与叛乱，爵位被废、家财被收。

汉武帝的姐姐阳信长公主因灯具精巧，将其献给太后。

赐

孙子：刘胜

侄孙女：窦绾

想不起来了，反正最后赐给窦绾了。

太后，这盏宫灯最初是阳信夷侯家的吗？还是阳信长公主家的？

长信宫灯产品说明书

长信宫灯的六部件都是单独铸造，可以像积木一样轻松拆分和组合。

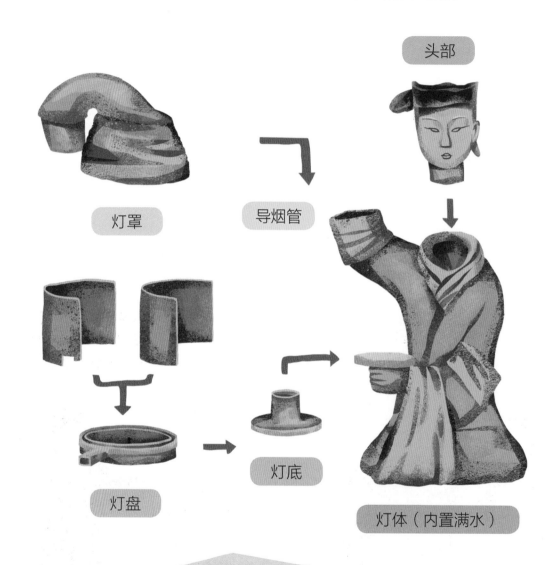

头部

灯罩

导烟管

灯体（内置满水）

灯盘

灯底

长信宫灯说明书

汉代 AA 级好光，明亮均匀

灯体底部有一个大孔，这并不是铸造的时候出了疏漏。因为热空气比冷空气轻，当灯点燃时，灯内的空气被加热，热空气上升，冷空气就从灯罩口和灯座底部涌进来，这样就能一直给火焰补充燃烧需要的氧气。

长信宫灯说明书

多档位舒适好光
多角度自由调节
光线明暗尽在掌握之中

长信宫灯的灯罩由两块弧形铜板组成，嵌在沟槽里的那块可以自由滑动，开合灯罩，可自由调节光线照射亮度。转动灯罩下的灯盘，可调节灯罩开口朝向的方向，从而自由调节光线照射角。

中空设计，内置清水，少异味，少伤害
环保自然，提升照明品质

动物燃油使用起来黑烟缭绕、刺鼻难闻，怎么办？

01

点燃灯盘内的灯油。

02

根据热空气轻于冷空气的科学原理，产生的烟尘会随着热气流的推动升入宫女的右臂。

03

烟尘再流进身体空腔内。

04

烟尘被清水消溶吸收一部分，大大减轻了伤害，环保卫生。同时，空气对流加强，促使燃烧充分，增强亮度。

人体工学设计 用心呵护双眼

宫灯高 48 厘米，与汉代 30 ~ 40 厘米高的几案搭配使用，灯光位置与人眼位置相适，照明效果更佳。

易拆卸
好清洗
生活没负担

古人如何寻找光明

01 月亮与星光

上古时期，漆黑一片、伸手不见五指的夜晚，月亮、星光是人们最重要的光源。

02 火把

后来，人们学会了生火，会把树枝点燃用作火把。火把可以拿在手里、插在地上或者山洞壁上，用来照亮黑夜、驱赶野兽。人们逐渐有了"照明"的意识。西周时期，天子的庭院夜间还会使用上百支"庭燎（liáo）"（把芦苇或者竹子等涂上油脂、用布捆在一起做成的大火把）来照明。

03 燃油灯

古人开始考虑缩小火把，并加入燃料，让其稳定燃烧。

古人将动物油脂放置在贝壳或石碗里，并将其点燃，这就是最早的灯。后来，人们将易燃的麻秸、竹条做成"灯芯"，以减少油烟，增加燃烧的时间和光亮；灯具造型也越来越多样。

唐代之后，油菜籽等油料作物的广泛种植，使能从植物中榨出更多油的"热榨法"应运而生，植物油慢慢成为人们照明的首选燃料。

04 蜡烛

汉代开始出现用蜂蜡制造的"蜡烛"，但数量很少，只有皇家才能使用。南北朝时期，人们把牛羊肉炼出的油脂和蜂蜡混合做成蜡烛，降低了成本。但这两种燃料都比较"怕热"，温度稍高就会熔化。

直到宋代，人们发现有一种白色的"蜡"（由寄生在女贞树上的白蜡蚧幼虫分泌），不仅更耐热，而且质地更坚固。用它做的蜡烛在点燃之后用手拿着也不用担心熔化，这才有了我们现在看到的又细又长的蜡烛。不过，我们今天使用的蜡烛原材料是从石油中提炼出的石蜡。

「样式雷」烫样

北京·故宫博物院

中国建筑不过是出现得早……

中国没有所谓的科学建筑，一切都是工匠随意为之……

这是很长一段时间内，西方建筑学者对于中国建筑的看法，他们认为古希腊建筑才是最伟大的。幸运的是，故宫中藏着的一种神奇的"小模型"，有力地反驳了"中国建筑不需要设计施工图"这样的说法。它就是由著名建筑世家"样式雷"家族制作的"样式雷"烫样。

样式雷 指清朝代代执掌皇家建筑设计院"样式房"的雷家。圆明园、故宫、北海、颐和园、承德避暑山庄等都是由他们家的人设计、建造或整修的，有"一家样式雷，半部古建史"之誉。

为了便于和不懂建筑的委托方沟通，建筑设计师在正式施工前会按照1:100或1:200的比例制作建筑微缩模型，每个部分都可以自由拆卸、组装，用来展示建筑的整体外观、内部构造、装修样式。因为制作中需要用烙铁熨烫定型，所以被称为"烫样"。

"样式雷"烫样就是清代"样式雷"家族呈给皇帝的建筑模型，对了解、维护古代的建筑有非常重要的作用。毁于英法联军之手的"万园之园"——圆明园，也能通过保留下来的烫样，结合计算机模拟技术，重现一部分。

"样式雷"烫样

清代"样式雷"家族制作的一种立体建筑微缩模型。它的出现填补了建筑史研究的空白，让中国古代建筑在世界建筑史上发出了自己的声音。"样式雷"建筑图档已经被联合国教科文组织列入《世界记忆名录》。

中国古建筑的
"三维模型技术"

努力了24年，我终于当上掌案了。

样式雷：靠实力，不靠家里

从康熙年间开始，雷家共 8 代人做过清代皇家建筑设计院"样式房"的负责人。

难道他们也是世袭继承制吗？

当然不是，每一任都是竞聘上岗。建筑师是一项专业技术很强的职业，皇家首席建筑师更是如此，需要精湛的技艺与非凡的智慧。

"样式雷"家族的人会从 13 岁开始学习建筑相关知识，但是如果学艺不精，"样式房掌案"就会由其他人担任。比如，"样式雷"传到第 5 代的时候，因为雷景修学艺不精，掌案就由一位叫作郭九的人担任，直到 24 年后，雷景修才当上掌案。

当掌案要有真才实学。

    "样式雷"家族在北京的首代祖先叫作雷发达，康熙二十二年（1683年），他响应皇家修建宫殿园林的号召，带着儿子雷金玉从南京到北京。

    相传，在修建畅春园的时候，康熙皇帝亲临检查，不巧的是主梁被卡在半空中，榫卯没法正确合拢。负责修建的官员们都非常惊慌。这时，雷金玉爬到梁上用斧头操作了一通，主梁便稳稳地落到了应在的位置上。康熙皇帝龙颜大悦，封雷金玉为内务府总理钦工处掌案。

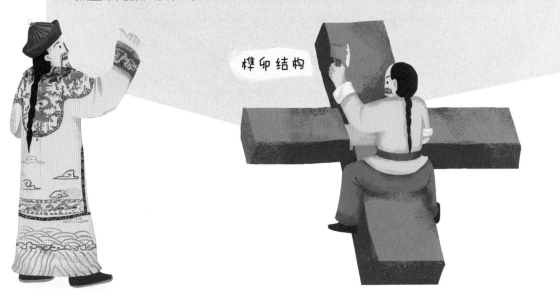

榫卯结构

    从选址、规划、设计到施工，"样式雷"有一套完整、科学、规范的工作流程，并不像西方所说的那样随心所欲。

    而且 300 多年前，他们就已经具有"从平面到立体"的现代建筑学思维，在完成图纸设计后，样式雷会根据图纸，按照一定的比例制作精妙绝伦的建筑模型——"烫样"。

从平面到立体——3D 立体建筑模型

01

　　当你看到烫样的时候，会发觉它就像是童话故事里小人国的宫殿，精巧绝伦，与实际宫殿没有差别。从园林山水、建筑结构到内部装饰、家具摆设，一应俱全，保证"所见即所得"，让不懂建筑的王公贵族也能看明白。

每一层都可以拆卸、替换。

02

　　烫样并不是一个固定不能动的模型，它的许多部分都可以自由拆卸。

　　单体建筑的屋顶都可以打开，内部梁架结构、彩画图样清晰可见，就连家具都已经按照位置摆放得好好的，还能像真的家具一样移动调整，柜子的门还可以打开，床帘也可以掀起……

陛下不太喜欢这一处纹样? 设计者往往还准备了备用方案, 可以当场替换调整。

烫样的制作

"样式雷"烫样虽然巧夺天工, 但其实它们的原材料非常普通, 主要是纸板、秫秸、木头。工匠使用簇刀、剪子、毛笔等工具, 根据不同质地的材料, 做出模型里的不同部位, 再涂上颜色。民国时有一些人试图用假烫样蒙混骗钱, 然而, 这些假烫样在专家面前, 往往因为其制作工艺的粗糙而迅速露出马脚。

04

除了单体建筑, 建筑整体布局、周围的环境更是烫样设计的重要部分, 以园林为例, 水系设置、花木栽种、假山亭廊等布局都必须一起展现。

烫样在古代施工流程中有哪些作用

清代时，建筑施工流程和今天的现代化施工已经很相似，大致为：先测量场地，画出图纸，制作烫样，经过审核后开始施工。

01 内廷（皇帝、太后等）提出需求——"朕想在西郊建一座举世无双的园林。"

02 选址、勘测地形、规划布局。

03 设计图——组群图、局部图、尺寸标注图等。

04 制作烫样。

05 内廷确认——"没问题！"

06 优化设计细节，编制施工说明。

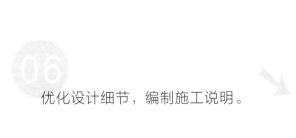

参考施工

"样式雷"烫样

93

烫样主要是为了给"甲方"展示设计效果，同时也是施工中不可或缺的参考。

仔细看，烫样上贴着许多黄色小标签，上面写着建筑名称、各个部位的尺寸、施工方法的说明等。

当烫样得到皇帝认可后，样式房会再根据烫样的标准和标签编制施工说明，这样，施工的时候，师傅打开屋顶就可以看到内部梁架结构，再根据标签和施工说明施工。

所以，不仅新建筑需要做出烫样，对残旧的建筑进行修缮，也要制作烫样，并且注明需要维修的部位、做法等。

"样式雷"烫样和建筑图纸被合称为"样式雷"建筑图档，一直被严密保管。民国时期，雷家后人因为贫困不得不变卖祖辈留下的图档，其中一部分被学者合力保护下来，现存于中国国家图书馆、故宫博物院等地，还有一部分流失到海外。2007年，"样式雷"建筑图档入选联合国教科文组织《世界记忆名录》，成为我国第5个世界记忆遗产项目。

随着对"样式雷"烫样和建筑图档的整理研究，中国古代建筑的设计理念、施工流程都逐一清晰了起来，故宫、颐和园、定陵、承德避暑山庄……这些世界文化遗产的谜团也慢慢被揭开，保护和维修就再也不怕出错了！被毁灭的万园之园——圆明园，也可以结合电脑技术重新还原当时的盛景！

而且，"样式雷"烫样的留存和整理，彻底推翻了国外专家认为中国古代建筑都是工匠凭借经验修建、缺乏设计的说法。中国建筑不仅起源早，而且水平很高，远远地超过了同时代的其他建筑，且早在 300 年前就具有现代建筑学中的三维立体思维了！

铜镀金写字人钟

姓　名：故宫写字机器人
性　别：一位身穿礼服的绅士
籍　贯：欧洲
居住地：故宫金色四层楼阁
特　长：书法表演

　　让写字机器写单词、课文，甚至解数学题……在人工智能快速发展的今天，这些已经不是梦了。不过，类似的"黑科技"早在 200 多年前就已经出现了。比如，故宫就有一台会写字的机器人钟。

顶层圆亭内有两个手举圆筒的小人

第3层有一个敲钟的人

第2层是用来计时的钟表

当第2层的钟表报时3、6、9、12点准点的时候，第3层的敲钟人会打钟碗奏乐，乐声响起后，顶层的两个小人便会像跳舞一样拉开距离，拉开手里的圆筒，亮出一条写着"万寿无疆"的条幅。

铜镀金写字人钟

乾隆时期欧洲进贡的金色楼阁钟，内含会写字的机器人，精妙至极，展现了欧洲先进的机械化水平，但与今天的"人工智能"相去甚远。

故宫的写字机器人来自欧洲，是进贡给乾隆皇帝寿诞的礼物，是一座精巧的金色4层楼阁钟的配件。

写字机器人位于最下面一层，是一位身着礼服、手拿毛笔的欧洲绅士，他单膝跪在一座雕花小茶几前面，一手扶着桌案，一手握着毛笔，神情专注。

如果先帮他把手中的毛笔蘸好墨汁，再启动开关，他便会在面前的纸上写下"八方向化，九土来王"8个汉字，字迹工整有致，笔锋顿挫有神。写字的时候，他的头还会随着一起摆动，非常活泼生动。

200多年前的工匠能够做出这种会写字的机器人，实在让人惊叹！实际上，故宫不只有写字人钟，还收藏着会扇扇子、会变戏法的机器人。同时期的欧洲，类似的机器人也曾风靡一时，他们能写字、画画、弹琴、跳舞，其中一些至今仍保存在博物馆中。

会写字的机器人，
是最早的"人工智能"吗

机器人也会书法

这台华丽精美的钟表来自欧洲，是献给乾隆寿诞的礼物。钟表上，有一位穿着华丽的"欧洲绅士"，跪坐在洛可可风格的案几前，写下 8 个汉字 ——"八方向化，九土来王"。

这位"欧洲绅士"的体内有一套可以控制他的身体部件的机械装置系统。这套系统是独立于钟表计时部分的机械系统，主要由 3 组大小不等的凸轮组成，它们控制着 3 组运动杆，上下两组分别控制字的横、竖笔画，中间组控制笔的上下移动。

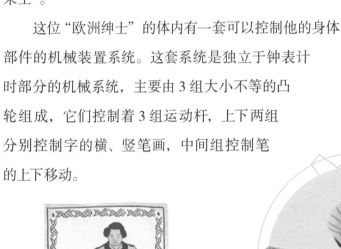

在启动装置前，先将毛笔蘸好墨汁；然后拧动茶几边上的发条，利用发条带动机器内部的齿轮和运动杆，"欧洲绅士"就能够有规律地移动手臂，不厌其烦地在面前的纸上写下"八方向化，九土来王"8个汉字，传神地模仿了乾隆皇帝所敬仰的书法家赵孟頫（fǔ）的楷书风格，难怪乾隆皇帝退休之后，还命人把写字人钟搬到自己养老的宁寿宫中随时欣赏把玩。

毛笔的笔尖柔软而富有弹性，没有学过书法的人很难写好毛笔字。而18世纪晚期的欧洲工匠，就能够制作出可以操控柔软的毛笔、并且写出汉字的机器人，真是厉害！

自然比不上偶像的字。

制作机器人的大师

如此精密的机器是谁发明的？

写字人钟的表盘上标着"提摩太·威廉森"的缩写。提摩太·威廉森是 18 世纪英国制作钟表的著名工匠，所以人们一度以为它是这位工匠制作的。但是，这位工匠并没有其他机器人问世。

有专家通过分析，认为这个会写字的机器人出自瑞士名匠皮尔·雅凯·德罗的家族工作坊。当时欧洲的钟表制作有非常细致的分工，写字机器人应该是由其他工匠单独制作完成的，表盘上的人名标识应该是钟表品牌的代表。

都是我做的。

皮尔·雅凯·德罗

皮尔·雅凯·德罗出生于瑞士，受到家族的熏陶，他对钟表与精密机械产生了浓厚兴趣，在掌握了一些钟表知识后，他又到大学学习相关的理论知识。之后，他把数学知识运用到机械和钟表的制作中。良好的学科背景，让他在瑞士的机械和钟表领域取得了成功。

这个皮尔·雅凯·德罗家族曾经制作过许多具有中国风格的钟表。瑞士纳沙泰尔艺术与历史博物馆中，还保存有3个古老的机器人，和故宫写字机器人的原理、构造都很相似。

这3个机器人都有着酷似真人的外形，看起来像3个精致漂亮的玩偶，他们能写字、画画、弹琴。他们还分别有着特别的名字："作家""画家""音乐家"。

画家

作家

音乐家

这是最早的人工智能吗

这些机器人虽然已经制作了 200 多年，但仍然保存完好，能够正常运转，可以说是机械史上的奇迹之作。

作 家

"作家"是一个身高 70 厘米的 3 岁左右的小男孩，他"出生"在 1768 年。启动机关后的他会先转头将羽毛笔蘸上墨水，然后在纸上写下漂亮的拉丁字母，写的过程中他的脑袋会随着书写的动作移动，更令人惊叹的是写完一行后他还会换行接着写，有时还会抖一抖笔尖不让过多的墨水弄脏纸页。

这个机器人通过两套由6000多个零件组成的独立机械系统进行控制。和故宫写字机器人相比，他身体内的金属轮盘上装有40个凸轮，可以拆卸替换，并能以任意顺序重新排列组合。只要更换这些钉栓就可以让"作家"写出不同的句子，但是所有的句子都不能超过40个字符。这个机器人也被认为和现代机器人有一定的相似之处，因为他有可以让机器人选择书写句子的"程序"。

画 家

"画家"也是一个两三岁的小男孩，他由2000多个零件组成，工作原理和"作家"很相似。在3套可替换的凸轮的作用下，"画家"可以画出4幅截然不同的画作：《驾驭着蝴蝶拉车的小爱神》《我的爱犬》《路易十五》《路易十六和王后玛丽·安托瓦内特》。

他能在画画的过程中认真地模拟人类画家的步骤：先画出素描图，然后区分阴影和高光部分，最后进行细节修正。更厉害的是，他会一边画画一边把纸上的铅笔屑吹走。

音乐家

"音乐家"是一位身着洛可可式长裙的少女，她优雅地坐在一架与管风琴结合的大键琴前，通过大键琴，她能够演奏5种风格迥异的乐曲。启动"音乐家"之后，少女的手指可以按下大键琴键奏出曲子，胸口会模拟呼吸起伏，眼睛也会跟随手的动作而移动，演奏完成后，还会向观众行一个优雅的颔首礼。

它们是最早的人工智能吗？

不管是故宫写字人钟还是瑞士的 3 个机器人，机械结构之复杂，设计之精妙，实在是让人惊叹！故宫写字人钟的机器人可以控制柔软的毛笔书写汉字，瑞士的"作家""画家""音乐家"更是通过简单地替换轮盘，就能实现不同文字、图案与音乐的切换，这让很多人认为它们是现代计算机的鼻祖。

但是，它们并非"人工智能"。和现代机器人最大的不同点是，它们不能通过电脑模拟人的思维和人开展互动，也不能通过扩充数据库来增加知识量，它们是基于凸轮式机械装置系统精心设计的精妙机器。所以，它们写的字或画的画也不会过于复杂，否则里面的齿轮就会因为活动过多而损坏。

你最喜欢这本书中的哪件文物？为什么？

试着写一封邀请函，邀请你的家人或朋友和你一起去参观博物馆。

你平常会研究星座吗? 请根据你的星座发挥想象画一幅画吧。

请计划一次观星活动。

你觉得素纱单衣的正确穿法应该是怎样的？为什么？

给"长信宫灯"写一首诗吧。

图书在版编目（CIP）数据

国宝里的科学课 / 安迪斯晨风，瑶华著 . -- 济南：
山东电子音像出版社，2024. 12

（开课了! 博物馆）

ISBN 978-7-83012-384-0

Ⅰ. ①国… Ⅱ. ①安… ②瑶… Ⅲ. ①科学技术 - 技术史 - 中国 - 少儿读物 Ⅳ. ① N092-49

中国国家版本馆 CIP 数据核字 (2023) 第 046892 号

出 版 人：刁 戈
责任编辑：姜雅妮　蒋欢欢
出版统筹：吴兴元
编辑统筹：冉华蓉
特约编辑：朱晓婷
营销推广：ONEBOOK
装帧制造：墨白空间·闫献龙

KAIKE LE BOWUGUAN GUOBAO LI DE KEXUEKE

开课了! 博物馆：国宝里的科学课

安迪斯晨风　瑶华 著

主管单位：山东出版传媒股份有限公司
出版发行：山东电子音像出版社
地　　址：济南市英雄山路 189 号
印　　刷：雅迪云印（天津）科技有限公司
开　　本：889mm × 980mm　1/16
印　　张：7
字　　数：80 千字
版　　次：2024 年 12 月第 1 版
印　　次：2024 年 12 月第 1 次印刷
书　　号：ISBN 978-7-83012-384-0
定　　价：42.00 元